www.ingramcontent.com/pod-product-compliance
Lightning Source LLC
Chambersburg PA
CBHW080959170526
45158CB00010B/2848
* 9 7 8 1 0 7 9 5 0 3 1 7 3 *